Soisses! Blutspur

AF801094

Soisses!
Blutspur

Leben und Sterben (lassen)

Cornelia von Soisses &
Franz von Soisses

www.soisses.com

Über das Buch

Wann Leben beginnt? Die Antwort war bislang abhängig vom Glauben an die Schöpfung Gottes oder an die Evolutionstheorie Darwins.

Zumindest wussten wir recht genau, wie man Kinder zeugt, so zwischen Frau und Mann. Heute sind wir einen ganzen Schritt weiter, Leben entsteht in der Petrischale. Dieses Buch folgt diesen Fragen. Erweitert um die Frage: Wann endet Leben?

Mit der Soisses! - Feder geschrieben, kritisch und kontrovers. Mitten hinein in die Diskussion von ewig jung, Leben verlängern bis zur Unsterblichkeit, werden die Fragen der Ethik in einer kapitalistischen Gesellschaft berührt.

Wenn Ihnen das Buch gefällt, freuen wir uns über eine kurze Bewertung auf Amazon.de – vielen Dank!

Jetzt auf amazon.de bestellen!

Mehr Details: www.soisses.com

Soisses Verlag © 2013

www.soisses.com

Autor: Franz von Soisses

Lektorat: Cornelia von Soisses

Dieses Werk ist urheberrechtlich geschützt. Alle Rechte, auch die der Übersetzung, des Nachdruckes und der Vervielfältigung des Werkes oder Teilen daraus, sind vorbehalten. Kein Teil des Werkes darf ohne schriftliche Genehmigung des Verlages in irgendeiner Form (Fotokopie, Mikrofilm oder ein anderes Verfahren), auch nicht für Zwecke der Unterrichtsgestaltung, reproduziert oder unter Verwendung elektronischer Systeme verarbeitet, vervielfältigt oder verbreitet werden.

Die Wiedergabe von Gebrauchsnamen, Handelsnamen, Warenbezeichnungen usw. in diesem Werk berechtigt auch ohne besondere Kennzeichnung nicht zu der Annahme, dass solche Namen im Sinne der Warenzeichen- und Markenschutz-Gesetzgebung als frei zu betrachten waren und daher von jedermann benutzt werden dürften.

Trotz sorgfältigem Lektorat können sich Fehler einschleichen. Autor und Verlag sind deshalb dankbar für diesbezügliche Hinweise. Jegliche Haftung ist ausgeschlossen, alle Rechte bleiben vorbehalten.

Inhaltsverzeichnis

Lebendspende

Organspende ist ein gesellschaftliches Grundthema, das sich mit kapitalistischen Annahmen nicht beantworten lässt. Kommerzielle Organspenden und Organhandel sind verboten und werden es zu humanen Bedingungen auch bleiben.

Noch gilt in Deutschland die Einwilligung zur Organspende als gesetzliche Voraussetzung und nicht das „Opt-out-Verfahren" - liegt keine Erklärung für oder gegen eine Organspende vor, können die Ärzte nach eigenem Willen entscheiden. Beide Verfahren gelten für postmortale Organspenden - der Spender ist zu diesem Zeitpunkt bereits verstorben. Es gilt das Gleichnis, „gestorben wird immer", deshalb habe es immer ausreichend mögliche Spenderorgane zur Verfügung. Aber das ist in der Praxis nicht so, sonst hätte man nicht die Wartelisten und den Mangel an Spenderorganen.

Schon wird die Debatte um Lebendspende geführt, etwa über Tauschringe oder Tauschketten. Im Idealfall fänden sich freiwillige Spender auf altruistischer Basis, um eben die benötigten Organe zu spenden. Ein offensichtlich humaner Ansatz, nur ist der Mensch nicht altruistisch veranlagt und eine kapitalistische Gesellschaft gleich gar nicht. Das aber wäre nicht der Aspekt, sondern das Ergebnis einer solchen Lebendspende. Das Dilemma besteht in den Nebenwirkungen.

49,1 % der Spender leiden an kardiovaskulären Erkrankungen
45,2 % der Spender leiden an Niereninsuffizienz
47,2 % der Spender leiden an Hypertonie

Oder umgekehrt, statt eines kranken Menschen gibt es im Ergebnis zwei kranke Menschen nebst deren ökonomischer Bewertung durch eben die kapitalistisch orientierte Gesellschaft. Vorbei wäre der altruistische Ansatz, der einer Lebendspende unterstellt wird.

Es ist ja genau nicht so, dass nur „der Staat sparen muss", wie es das aktuelle Mantra der Politik ist, auch die Krankenkassen sollen sparen. Mehr und mehr Zuzahlungen belasten heute bereits die Patienten, um das Für und Wider der Praxisgebühr wird ideologisch verbissen gekämpft, das Rentenniveau wird politisch gewollt gesenkt. Vor diesem Hintergrund „will" oder soll eine Gesellschaft statt eines bedauerlich Erkrankten hernach zwei nicht gesunde Menschen solidarisch alimentieren?

Vor dieser Orientierung der Gesellschaft lassen sich nicht Augen und Ohren verschließen. Wenn sonstig in dieser Gesellschaft, politisch so gewollt, kein soziales Bewusstsein vorhanden ist, woher dann die Annahme, dass die Betrachtung bei einer Lebendspende sich diametral verhalten sollte?

Wir leben in einer Gesellschaft, in der nicht wenige Lebensrisiken gar nicht versichert werden, für nicht noch so viel Geld.

Wer wegen einer chronischen Erkrankung erwerbsunfähig oder teilweise erwerbsunfähig wird, verliert damit auch seine Kreditwürdigkeit zusammen mit seinem Arbeitsplatz mangels Leistungsfähigkeit. Nicht selten einhergehend mit Bedürftigkeit und damit Hartz IV, von dessen Empfängern die honorige Politik sagt, dass diese Personen „faul und bildungsfern" seien. Diese Sichtweise sollte sich ändern in Bezug auf eine Lebendspende mit den nicht unerheblichen Risiken und Medikamentenkosten? Man wird schon sehr hoch im Eiffelturm der Wissenschaft sitzen müssen, um dieser naiven Annahme auch nur einen Gedanken leihen zu können.

Auf der anderen Seite aber heißt es: „Deutschland ist ein Sozialstaat“ - so die grundgesetzliche Verpflichtung des Staates. Sozial ist die hoheitliche Aufgabe des Staates genau deshalb, weil die Gesellschaft als solches und der Mensch im Wesentlichen nicht altruistisch veranlagt sind und soziales Bewusstsein nicht zu den freiwilligen Leistungen der Menschen gehören. Selbst der Staat verweigert sich seinen Pflichten nach Kräften, die Politik provoziert absichtlich Grundgesetzkonflikte - siehe Hartz IV.

Aber ja, humanistisch wäre eine Lebendspende eine wünschenswerte Möglichkeit, nur sind Wunsch und Wirklichkeit nicht das Gleiche. Selbst bei optimistischer Annahme, es kommt (weil heute zulässig) innerhalb einer Beziehung zu einer Lebendspende von einem Lebenspartner an den anderen, was wäre denn, wenn die Beziehung auseinandergeht? Gehört der wirtschaftliche Vorteil, den der Empfänger erlangt, dann zum Zugewinnausgleich?

Dann wäre bereits an dieser Stelle der altruistische Ansatz ad absurdum geführt.

Oder was ist mit der Tatsache, je älter der Spender, je geringer der Nutzen des gespendeten Organs? Eine 70-jährige Niere würde ja in einem 20-jährigen Empfänger nicht jünger. Der Empfänger stünde über kurz oder lang erneut auf der Warteliste. Welche Sozialstruktur fände sich unter den Tauschringen und Tauschketten zusammen? Naturgemäß nehme das Verlangen nach einem jüngeren Organ zu, wie umgekehrt das Verlangen nach einem alten Organ abnehmen würde. Wieder wäre der altruistische Ansatz ad absurdum.

Einmal diese Tauschringe oder Tauschketten eingeführt, wer wollte das Bilden von Anreizen verhindern, gleich, ob auf legalem oder illegalem Wege? Warum nicht einem Ausländer die deutsche Staatsbürgerschaft ermöglichen durch Eheversprechen im Tausch für ein Organ? Es ist ja nachgerade nicht so, dass es keine Wirtschaftsflüchtlinge gibt und keine grenzüberschreitenden Heiraten. Wäre das Missbrauch? Aber sicher. Wer wollte den denn verhindern? Wo es Licht gibt, da gibt es auch Schatten. Bei Weitem nicht nur unter den Armen der Länder. Gerade Reiche sind im Glauben fest, sich alles kaufen zu können. Gesetzlich abgrenzen ließe sich das nicht.

Gesetze sollen das Zusammenleben in einer Gesellschaft regeln, den Missbrauch verhindern können Gesetze nicht. Regierungsamtlich wird bedürftigen Menschen in unserem Land der Missbrauch unterstellt, ganz ohne Beweis dafür. Da will man ausgerechnet bei Organspenden den schieren Altruismus unterstellen?

Und das im Angesicht der jüngsten Klinikskandale mit Organhandel, der illegal ist und trotzdem geschieht.

Wenn, dann muss die Debatte mit offenem Visier geführt werden - in welcher Gesellschaft wir leben, mit welcher Orientierung und welcher vorherrschenden Politik. Eine Lebendspende ließe sich ethisch rechtfertigen, nur ist Ethik kein Bildungsbestandteil in Deutschland und schon gar nicht Grundlage gesellschaftlichen Handelns. Die sozialistischen Staaten haben es nicht vermocht, altruistische Gesellschaften hervorzubringen, nicht mit Diktatur und nicht mit Bildungsinhalten. Woher die Annahme, dass es kapitalistischen Staaten gelingen könnte? Lebendspenden gingen den Weg allen Irdischen, sie bedürften über kurz oder lang einer Abfindung und einer sozialen Absicherung, insbesondere bei den bestehenden Risiken und Nebenwirkungen. Weil wir keine andere Gesellschaft haben und bei aller Notwendigkeit auch keine andere Gesellschaft erhalten werden in absehbarer Zeit. Da wir nicht in der Lage sind, Armut im eignen Land zu überwinden, werden wir uns damit abfinden müssen, dass Organe einen Wert haben, sobald man Handel oder Tausch zulassen würde. Das wäre der Königsweg, wir überwinden Armut und würden Altruismus erhalten, die Kluft zwischen

Arm und Reich wäre obsolet und mit ihr der Neid und die Gier. Träumen ist statthaft.

Im Angesicht der Stammzellenforschung und einhergehender Erwartung, x-beliebige Organe replizieren zu können, ist das die Hoffnung der Menschen auf den Wartelisten für Organe, nicht aber die Lebendspende.

Das kann der medizinische Fortschritt leisten, wenn er denn die Finger von den Embryonen lässt und sich auf adulte Stammzellen beschränken würde.

Wir dürfen die Büchse der Pandora nicht leichtfertig öffnen, nur weil es begründbar erscheint. Bekanntlich kamen alle Übel in diese Welt, als die Büchse einst geöffnet wurde. Von einer falschen Erwartung ist niemandem geholfen, auch wenn er heute auf ein Organ wartet, um sein Leben zu retten. Nach wie vor ist der größte Feind des Menschen der Mensch selbst. Die Zeit aber ist mit jenen, die geduldig sind.

Organspende

Die Politik diskutiert ein Organspendegesetz.

Jeder, der keinen Spenderausweis besitzt, soll Organspender sein.

Eine Frage von Befindlichkeit, gerade zu kapitalistischen Bedingungen, falls die Organe eines Menschen dem Menschen auch gehören, juristisch Eigentum genannt. Falls verstorben, gehörte die Leiche den Erben, der Besitz der Organe dem Verstorbenen.

Juristisch gibt es das Aneignungsrecht, eine Pathologie (Gerichtsmedizin) kann Organe entnehmen ohne Zustimmung von Hinterbliebenen oder des Verstorbenen.

Ab hier beginnt das Problem, wenn die Politik ein Organspendegesetz erklären würde.

Wer verhindert illegale Organentnahme, die Aneignung von Leichen, den Handel mit Organen zu Lebzeiten?

Der Staat, der gerade behauptet „der Staat muss sparen, der Markt regelt alles“?

Kein Spenderausweis = Organspender?

Kaum erschossen, schon tot. Bis der erste Polizist anreist, sind die Organe bereits entnommen.

Zumal in Zeiten wie heute, in denen Leichen erst Tage, Wochen oder Monate später entdeckt werden.

„Herr Hausmeister, es riecht seit Wochen im Hausflur, können Sie mal nachsehen?“ Alltag in deutschen Wohnsiedlungen.

Und es riecht, wahrlich zum Himmel stinkend, allein der Mieter, tot.

Nur einen Schritt weiter gedacht stünde ein freier Vertrag: „Ich spende mein Organ für eine Bestattung in Würde."

Wer wollte das verhindern?

Der Staat, der sich seinen sozialen Pflichten verweigert, der Markt, der angeblich alles regelt? Nur weil die Politik einen Spenderausweis will und wer keinen hat, wird Freiwild?

Würde so etwas ein Gesetz, was dann?

Folgt dann die freie Wahl der Gesellschaft?

„Ich will nur ein Organ von einem Nichtraucher, einem Vegetarier und keinesfalls von einem Säufer." Was wäre eine Hartz IV Niere für einen Millionär, der in der Dialyse ist?

Will er dann die Niere eines Armen verweigern? Oder wäre die Chance in dieser Gesellschaft für ein Hartz IV Opfer höher, wenn der Millionär dem Armen die Niere abkaufte?

Umgekehrt betrachtet gibt es Menschen, die dringend eine Organspende benötigen, von Niere bis Herz, aber keine Organe erhalten, weil es zu wenig Spender gibt.

Das jedoch regelt zuerst eine sozial bewusste Gesellschaft, nicht ein Gesetz. Falls es eine sozial bewusste Gesellschaft gäbe mit einem Staat, der vorbildlich seine sozialen Pflichten erfüllen würde.

Wer will denn in dem Bewusstsein sterben „noch nicht kalt, aber schon ausgeweidet und verwertet"?

Da gäbe es noch die Suizidären.

„Ich morde mich selbst, um meine Organe dem Leben zu spenden."

Abgesehen von der Rechtsabgrenzung, ob der Abschiedsbrief keine Fälschung wäre, noch wird Suizid als ein Ereignis betrachtet, das Erschütterung und Betroffenheit auslöst.

Wer heute seine Organe spenden will, kann das tun durch freiwillige Erklärung mit einem Organspenderausweis. Dieser orientiert sich nicht am Bedarf der Organe (Markt und Wirtschaft), sondern am Tod des Erklärenden.

Es mag eine bedauerliche Tatsache sein, dass es zu wenig Spender gibt. Die Ursache dafür ist nicht ein fehlendes Gesetz, sondern eine marktgläubige Politik, die den Sozialstaat ruiniert.

Wer entschädigte die Opfer illegaler Organspende, wenn die Mafia sich darum bemühte, weil jeder Mensch 2 Nieren hat, 2 Lungenflügel, 2 Augen und nach einer Entführung nur noch je eines dieser Organe?

Die Opfer verklagen dann einen Mafiosi, dem die Beteiligung an der Organentnahme erst bewiesen werden müsste. Der selbst im Fall des Beweises im Gefängnis säße und zur Entschädigung kein Geld hätte? Gleich, welchen Wert die Justiz den Organen des Opfers auch beimessen würde.

Der Gesetzgeber würde sicher keinen Wert pro Organ festlegen.

Es ist kein Problem von Politik oder vermeintlich fehlender Gesetze, sondern ein Problem von Sozialstaat oder keinem.

Gut, mit Organen hatten es die Nationalsozialisten nicht „getrieben", aber mit Haut und Zahngold. Lampenschirme aus Haut, Berge von Zahngold. Aber sie führten auch medizinische Versuche an Kindern aus.

Niemand muss das in einer Demokratie pervertieren und via Organspendegesetz zu einem gesellschaftlichen Standard erheben.

Das Problem der Wartelisten auf Organe gäbe es nicht in einer sozialen Gesellschaft mit einem Staat, der seine sozialen Pflichten erfüllen würde.

Markt ist immer auch Nachfrage, daran orientiert sich Wirtschaft. Dem aber kann Leben und soziale Verantwortung nicht untergeordnet werden.

Und weiter? Nicht nur Menschen altern, sondern auch deren Organe. Der Markt würde junge Organe höher bezahlen als alte Organe.

Früher oder später stünden wir vor der Frage, für wie viel Geld darf es denn ein wenig mehr Leben geben? Eine 80-jährige Niere würde nicht die nächsten weiteren 80 Jahre ihre Funktion erfüllen.

Leben ist Würde ohne Unterschied.

Gleich, ob körperlich oder geistig behindert, gleich, ob Jung oder Alt. Auch im Sterben hat der Mensch eine Würde. Wann immer Leben beginnt oder zuweilen endet.

Und wenn es dann endet, werden Verstorbene kein Gebrauchsgegenstand.

Eine Organspende ist freiwillig und sozial zugeordnet. Nicht fremdbestimmt und gleich wie, niemals für Fremde.

Mit einem solchen Gesetz wäre der Staat aufgefordert, nicht allein den Preis des Lebens zu definieren, sondern für jedes Organ.

Bei aller Hoheit des Staates über die Sozialgesetzgebung, zuerst sind die bestehenden Pflichten zu erfüllen und nicht Organe zum Allgemeingut zu erklären.

Therapiebegrenzung

Die Zahl der Organspender stagniert und ist zumindest 2011 gegenüber 2010 rückläufig. Immer mehr Menschen schließen per Patientenverfügung intensivmedizinische Maßnahmen aus, Therapiebegrenzung genannt. Die Menschen wollen lieber versterben, als lebensverlängernde Maßnahmen der Medizin hinnehmen zu müssen.

Es ist nicht allein eine Frage ethischer Natur, dass die Menschen nicht als Organspender ausgeweidet werden wollen. Zuerst es ist es religiös tradiert, auf dem Weg ins Jenseits möchte man seine Organe nicht verlieren. Gleich, ob es ein Jenseits gibt oder nicht, da wir Irdischen es nun mal nicht wissen, wäre es denn fatal, noch zu Lebzeiten einen Fehler zu machen und etwa nicht am Stück im Jenseits zu erscheinen, seinem Schöpfer gegenüberzustehen.

Was gar nicht diskutiert wird, ist der gesellschaftliche Aspekt beim Thema Organspende. Welchem neoliberalen Ungeist von einem Menschen würden wir ein Organ spenden, damit dieser länger leben kann und seinem Unverstand weiterhin folgen könnte?

Alles, nur das nicht. Oder würde ein Nichtraucher die Spenderniere eines Rauchers ablehnen, weil er schon zu Lebzeiten nicht mit einem Raucher in einem Restaurant gemeinsam sitzen wollte.

Würde der Nichtraucher eventuell die Spenderniere eines Rauchers doch annehmen in der Bewusstseinseinstellung, dass der Raucher ja ohnehin früher versterben würde? Wie bigott ist das denn?

Die aktuellen Patientenverfügungen haben nicht die Möglichkeit, dass Spender einzelne oder mehrere Empfängergruppen ausschließen. Gerade diese Möglichkeit sollte es aber geben, denn unsere Organe sind unser ureigenes Eigentum, unabhängig davon, ob wir arm oder reich sind. Es schadet nichts, dass Reichtum eine Grenze hat und für kein Geld der Welt ein egoistischer Reicher ein Organ kaufen kann, ohne an das soziale Gewissen der Spender zu appellieren.

Welchen Sinn sollte ein Hartz IV Opfer darin erkennen (zu Lebzeiten diffamiert und diskriminiert), seine Organe zu spenden, ohne sein Eigentum einem Empfänger widmen zu können? Oder sollte er es besser ganz bleiben lassen?

Richtig, eine Möglichkeit in den Patientenverfügungen einzelne Personen oder Empfängergruppen ausschließen zu können, ergäbe eine wichtige Erkenntnis über den Zustand der Gesellschaft, genau an jener Schwelle, die das Leben vom Tod trennt.

So denkt niemand?

Die Zahlen des DKI (Deutsches Krankenhausinstitut) und der DSO (Deutsche Stiftung Organspende) legen genau das Beschriebene nahe. 12.000 Menschen warten jährlich auf ein Spenderorgan, ca. 1100 Spender stehen zur Verfügung, etwa 1.000 Menschen sterben jährlich, weil es nicht ausreichend Spenderorgane gibt. Umgekehrt nehmen die Zahlen der Patientenverfügungen zu, die eine Organspende ablehnen.

Hinsichtlich der Todeserwartung ist das verständlich, gleich, ob man gläubig oder Atheist ist. Im Zweifel behalte ein jeder seine Organe, weil es sein Recht ist. Auch Angehörige verweigern die Organspende des Versterbenden aus gleichem Grund.

Aus Sicht der Empfänger, die ebenso dem Tode gegenüberstehen, wenn auch dem vorzeitigen Versterben, ist es sicher verständlich, möglichst frühzeitig ein Spenderorgan zu erhalten. Nur wenn sich Spender und Empfänger nun einmal nicht kennen, wird es schwierig.

Es wird zu einer grundlegenden sozialen Frage einer Gesellschaft, die kein soziales Bewusstsein hat. Der bestehende Mangel an verfügbaren Spenderorganen ist dafür ein Beleg.

Spender und Empfänger können das nicht ändern. Hier wäre die Sozialpolitik gefordert. Nicht das Organspendergesetz irgendwie anzupassen, sondern ihrer Pflicht nachzukommen, die Gesellschaft in allen ihren Verästelungen sozial zu gestalten.

Es war rührig zu hören, dass Frank Walter Steinmeier (SPD) seiner Lebensgefährtin eine Niere spendete. Nur ist Frank Walter Steinmeier einer der Architekten des Hartz IV Gesetzes, dessen unselige Wirkungen hier bereits geschildert wurden. Wie viel Chuzpe muss man denn haben, von den Opfern dieses asozialen Gesetzes eine selbstlose Organspende zu erheischen?

Wenn, dann ist der bittere Inhalt des Kruges bis zur Neige zu trinken.

Es wird wenig überraschen, wir leben in einer kapitalistischen Gesellschaft. Warum also nicht dem viel gepriesenen Prinzip des Marktes folgen, dass die Organspender schlicht für ihre Organe bezahlt werden?

Nach dem, durch die Politik in den Hartz IV Gesetzen selbst definierten, Zuflussprinzip würde ein Organspender im Hartz IV Leistungsbezug bei einem Wert einer Niere von vielleicht 100.000 Euro für die nächsten 12 Jahre dem Staat Geld ersparen, weil keine Hartz IV Leistungen mehr benötigt würden. Außerdem würde der Empfänger des Organs wieder arbeitsfähig, „sozial ist, was Arbeit schafft", Zitat Kanzlerin Merkel (CDU).

Außer SPD/CDU/CSU/FDP/Grüne behauptet niemand, dass Hartz IV ein soziales Gesetz sei, es ist asozial. Natürlich ist der Gedanke, eine Organspende finanziell abzufinden nicht gerade ein sozialer Gedanke, nur hat eine kapitalistische Gesellschaft nun mal kein soziales Bewusstsein, sondern reine Marktgläubigkeit. Wer das eine liebt, muss das andere mögen.

Der Fisch stinkt immer am Kopf zuerst. Im beschriebenen Zusammenhang ist der Kopf die Politik in Deutschland.

Wir können uns wünschen, dass es anders sein möge. Nur ist es nicht anders, schon gar nicht an der Schwelle zum Tode.

Einem Sterbenden kann man keinen Egoismus unterstellen oder soziale Pflichten abverlangen. Wer dort angekommen ist, weiß um die Unkultur im Bestattungswesen, das ebenso rein kapitalistisch organisiert ist. Wer kein Geld hat für eine würdige Bestattung und fällt der staatlichen Entsorgung anheim, der endet im Armengrab, ohne Grabstein.

Dieses sehend und wissend, seine Organe auch noch gratis hergebend, ist denn doch etwas viel verlangt.

Eine Eigenschaft des Lebens ist, dass (je nach Verlauf) die Einstellung im Versterbenden reift, es ist genug. Er möchte einfach nur friedlich versterben. Und möglichst in einem Stück im Jenseits ankommen, wo immer dieser Ort auch ist oder was einen dort auch erwarten möge. Je nach eigener Biografie kann sich diese Einstellung mal früher, mal später manifestieren. Welches Interesse könnte wohl ein suizidärer Mensch haben, außer dass ihm sein Vorhaben gelingen möge, aus dem Leben zu scheiden?

Nach den Zahlen des DKI, nehmen die Anzahl der Ablehnungen einer Organspende und die Zustimmung zur Therapiebegrenzung bei Menschen ab dem 75.Lebensjahr zu. Denn wir haben ein Recht zu sterben.

Selbstverständlich gibt es auch das Recht zu leben und eine Pflicht, das Leben zu bewahren. Einem Sterbenden aber kann diese Pflicht nicht auferlegt oder abverlangt werden. Schon gar nicht durch eine egoistische kapitalistische Gesellschaft. Sterbende haben kein weiteres Interesse am Leben. Durch was sollte ein solches Interesse auch gespeist werden?

Wer etwas anderes will, wird Anlass geben müssen, dass es wert ist, seine Organe zu spenden. Das kann nur eine sozial bewusste Gesellschaft. Da es diese nicht gibt, verbleibt nur die Erkenntnis: Beim Sterben ist jeder für sich selbst der Erste.

Mit dem letzten Gruß: Ruhe in Frieden.

Klonen

Der Organspende folgt nun das therapeutische Klonen, mit der Botschaft, aus adulten Stammzellen Organe reproduzieren zu können, gar Krankheiten wie Parkinson oder Multiple Sklerose heilen zu können, in welcher Zukunft auch immer.

Gelungen ist es, im Labor aus einer entkernten Eizelle und eingepflanzten Hautzellen einen menschlichen Embryo zu züchten. Mehr einen Zellhaufen in einer Petrischale, aber mit den gewünschten adulten Stammzellen, aus denen sich alle benötigten Organe „herstellen“ lassen. Soweit die hoffnungsfrohe Botschaft. Gepaart mit den Fragen nach Licht und Schatten des Tuns.

Die Europäische Union hat 1 Milliarde Euro bereitgestellt für die Forschung zur Herstellung eines menschlichen Gehirns. Wenn das gelingt, wer produzierte hernach das Gehirn zu kapitalistischen Bedingungen? Und folgte dieser Versuchung gar das Klonen eines ganzen Menschen mit wunschgerechten Eigenschaften? Kanzlerin Merkels (CDU) Wort „wir müssen Eliten und Leistungsträger fördern“, erlangte eine ungeahnte Bedeutung. Welche Grenzen können und werden der Forschung gesetzt und falls, wann geschähe der erste Missbrauch?

Wird die Politik die erwarteten Ergebnisse dem Gemeinwohl zuführen, wie es ihre verfassungsrechtliche Pflicht ist, statt weiterhin der Gier den Vorzug zu geben - „der Markt regelt alles“? Kraft ihrer Eigenschaft fordert Forschung unbegrenzte Freiheit, die bei allem Wollen aber nicht ohne die Grenzen sein kann, die der Gesetzgeber setzen muss. Die Medizin braucht die Ergebnisse der Forschung, schon wegen der Hoffnungen an Heilung, gerade chronischer

Erkrankungen. Das Problem der Organspende mit bestehendem Fehlen an Spendern wäre auf dem Weg des therapeutischen Klonens erledigt. Wir züchteten die benötigten Organe aus den patienteneigenen Genen. Wer aber übernimmt die Produktion und deren Finanzierung? Ein eventueller Ansatz wäre, die Produktion und anschließende Verwertung altruistisch zu gestalten, staatlich finanziert aus den Steuern der Gemeinschaft und gemeinnützig ohne Gewinn der Medizin zur Verfügung zu stellen. Der Kapitalismus bliebe außen vor. Natürlich müsste jede privatwirtschaftliche Verwendung strafbewährt werden. Nicht dass, ob der Möglichkeit willen, Wünsche nach Kindern mit Katalogeigenschaften berücksichtigt werden, nur um die Sehnsucht zu stillen. Grenzen, die gesetzt werden müssen.

Dies muss aus ethischen Gründen geschehen. Was ist mit der Überproduktion von Embryonen, welcher embryonaler Müll folgen würde? Überzählige Embryonen, weil diese die Eigenschaften nicht erfüllen würden. Der Frage folgend: „Wann Leben beginnt?" Wie auch aus religiösen Gründen, dass der Mensch nicht der Erbsünde anheimfalle, Gottes eigner Schöpfung ins Handwerk zu pfuschen.

So sehr Heilung schwerer und schwerster Krankheiten die ewige Hoffnung der Menschen ist. Das ist die Sinngebung für die Stammzellenforschung und des therapeutischen Klonens. So wäre die Erfüllung dieser Hoffnung die Grenze, die zu ziehen sein muss, die nicht überschritten werden darf.

Denn nach all den Jahrtausenden menschlicher Entwicklungsgeschichte und einhergehender Philosophie, der Mensch ist zur Erkenntnis nicht fähig, er lernt aus seinen Fehlern nicht. Er ist nicht Gottes Schöpfung seiner gleich. Wäre er es, würde sich Gott selbst infrage stellen ob der eigenen Fehlerhaftigkeit. Auch in philosophischen Dimensionen wüssten wir nicht zu determinieren, was wir anrichten würden, würden wir gar den Menschen selbst klonen.

Es ist trotz des Versprechens des Kapitalismus „Armut überwinden“, nicht gelungen. Nicht in den entwickelten Industrieländern und nicht in der s.g. Dritten Welt. Schon deshalb wäre es eine Lüge, würden wir den Humanismus mit dem Versprechen belasten, dass reproduktives Klonen des Menschen das Ziel aller Schöpfung sein sollte, gar zum Wohle der Menschheit.

Der Unterschied von therapeutischem und reproduktivem Klonen muss deutlich gemacht und öffentlich diskutiert werden. Damit die Gesellschaft die notwendigen Grenzen definiert, weil deren Bevollmächtigte, die Politiker, nicht müde werden, ihr Handeln zu begründen. Das ist keine Frage demokratischer Mehrheitsbildung, sondern objektiver Notwendigkeit. Nicht „wünsch dir was, weil es möglich ist“, darf der Leitgedanke sein.

Noch ist es ein weiter Weg vom Labor bis in die klinische Praxis mit ihren begleitenden Studien über Nutzen und Nebenwirkungen. Aber es ist auch die noch zur Verfügung stehende Zeit, die gesellschaftlichen und ethischen Fragen breit zu diskutieren, möglichst frei von Ideologien. Hierbei muss der Mensch tatsächlich gleich sein, egal ob arm oder reich, erste oder Dritte Welt. Nicht das Vorhandensein von Vermögen darf die Debatte bestimmen oder das Fehlen davon, die Teilnahme ausschließen.

Versetzen wir uns in das Leid der Multiplen Sklerose Erkrankten, die mit dem Schwert des Damokles eines schleichenden Todesurteils leben müssen. Aus dieser Sicht „lieber heute als Morgen“, die Grenzen können später noch diskutiert werden. Das wäre deren möglicher gedanklicher Ansatz. Hier aber ist von den Betroffenen Vernunft gefordert. Denn selbst wenn Heilung durch therapeutisches Klonen möglich wäre, mit den Nebenwirkungen müssten auch diese dann leben. Wenn gemessen an diesem Beispiel Vernunft zuerst verlangt werden muss, um wie viel mehr dann von allen anderen Teilnehmern der Gesellschaft?

Das wäre noch am einfachsten einsehbar. Wie aber steht es um die Einsicht, dass es zu kapitalistischen Bedingungen (Egoismus und Gier) nicht geschehen darf? Ab hier steht eine ganze Ideologie infrage, die von sich behauptet, ein alternativloses System zu sein.

Aber nein, der Kapitalismus gehört nicht zur Schöpfungsgeschichte, weder der Gottes noch der Natur. Er ist ein Ergebnis menschlicher Entwicklung und Erkenntnis. Wenn es ethisch versöhnt sein soll, dann nur, wenn es zu altruistischen Voraussetzungen geschehen wird, denn geschehen wird es.

Fragen der Organspende wären obsolet, die Frage der Therapiebegrenzung um einen Aspekt erweitert. Denn ebenso, wie gefragt ist, „wann Leben beginnt", wird die Frage gestellt, „wann Leben endet".

Auch ein geklontes Gehirn müsste erst erneut lernen, noch kann man Gehirne nicht programmieren und nur erwünschte Erfahrungen einpflanzen. Diesen Prozess kann nur das Leben selbst umsetzen und sollte wahrlich niemals möglich sein, auf dem Wege des Klonens ersetzt zu werden. Hier aber wollen wir keine Science-Fiction eröffnen. Es ist vorerst gelungen, adulte Stammzellen zu züchten, das ist die Realität. Es werden genetische Eigenschaften nicht länger nur katalogisiert, dieser Bereich ist verlassen. Es reicht nicht mehr die Floskel - „dem Leben verpflichtet".

Retortenbaby

Es ist geschafft, das erste Retortenbaby – aus künstlicher Befruchtung – ist geboren. Natürlich mit ausgewählten Genen. Ein Ergebnis der PID – Präimplantationsdiagnostik.

Was angeblich niemand wollte, Babys nach Katalog zu produzieren, ist damit Realität geworden. Ebenso ist es wahrscheinlich geworden, „Retterbabys" zu produzieren. Babys, deren einziger Daseinszweck darin besteht, als Organspender für ein Geschwisterbaby zu dienen.

Das ist Lebensborn – „Der Lebensborn e. V. war im nationalsozialistischen Deutschen Reich ein von der SS getragener, staatlich geförderter Verein, dessen Ziel es war, auf der Grundlage der nationalsozialistischen Rassenhygiene und Gesundheitsideologie die Erhöhung der Geburtenrate ‚arischer' Kinder auch aus außerehelichen Beziehungen herbeizuführen. Dies sollte durch anonyme Entbindungen und Vermittlung der Kinder zur Adoption – bevorzugt an Familien von SS-Angehörigen – erreicht werden."

Zitat http://de.wikipedia.org/wiki/Lebensborn

Was einst von Historikern und Ethikern geächtet wurde, wurde in den USA dieser Tage Realität. Auch die Rechtslage in Deutschland ist nicht eindeutig. Einzig in der Schweiz und Österreich ist die PID verboten.

Wie lange noch wird es brauchen, bis rund um dieses Thema die Tourismusbranche ihre Angebote offerieren wird, frei der neoliberalen Auffassung „der Markt regelt alles"?

PID ist in Deutschland zur Vermeidung von schweren Erbkrankheiten, Tod- oder Fehlgeburten erlaubt, aber PDI verhindert ausdrücklich nicht späteres Organversagen. Was also liegt näher, sich gleich ein „Retterbaby" auf Vorrat zu halten?

Die Bezeichnung „unglückliches Geschöpf“ erlangte eine völlig neue Bedeutung, abgesehen von der Gewissenlosigkeit eines solchen Tuns. Die Diskussion, wann Leben beginnt und welchen Wert Leben hat, wird nicht länger hinter vorgehaltener Hand geführt werden, sondern seinen Ausdruck in Euro und Cent oder sonstiger Währung, finden. Unter diesen Vorzeichen möchte man selbst nicht und sollte niemand geboren werden.

Die Entwicklung geht schneller voran, als die Diskussionen dazu geführt werden können. Natürlich stehen mit adulten Stammzellen andere Quellen zur Verfügung, um Organe zu züchten und dem Mangel an Organspendern zu begegnen. Dagegen aber steht der Kinderwunsch der kinderlosen Mitmenschen. Da alles auf der Welt immer paarig vorkommt, gehören Retorten- und Retterbaby zusammen. Wer das eine liebt, muss das andere mögen.

Dem Retterbaby werden die benötigten Organe entnommen, was geschieht mit dem derartig ausgeweideten Rest?

Nicht benötigte Organe werden dem Organhandel zugeführt und trotz allem verbliebe ein Rest, Müll, übrig – menschlicher Abfall. Eine undenkbare Perversion am Menschen und dem Leben an sich.

Tut das weh, aber ja. Sollte „Er“ am Ende doch nicht so falsch gelegen haben in seinem Rassenwahn und Arierhabitus, Arier, der er freilich selbst nicht gewesen ist? „Wer die Geschichte nicht kennt, ist gezwungen, sie zu wiederholen.“ Altkanzler Helmut Kohl (CDU), jener, mit der „Gnade der späten Geburt.“

Wieder einmal haben wir natürlich alle von nichts gewusst und brauchen das zu demokratischen Bedingungen der Mehrheitsmeinungsbildung auch nicht zu wissen.

Wir sollten es aber wissen, da diese Methoden ethisch nicht zu begründen sind. Und soweit dem Menschen ein

Gewissen eigen ist, sollte das Gewissen damit auch nicht belastet werden.

Es mag vorteilhaft sein, etwa schwere Erbkrankheiten mit dieser Methode zu vermeiden. Die Hoffnung, Eigenschaften wie Egoismus und Gier damit ausschließen zu können, wird sich nicht erfüllen. Diese Eigenschaften sind der Sozialisation zugeordnet und können nicht via PID dem Menschen abgewöhnt werden.

Es ist nicht zu bezweifeln, dass ein Baby, einmal geboren, ein Ego haben wird. Denn es will kraft seiner Geburt leben und nicht zur Organverwertung herhalten müssen.

Zumal, es gibt arme Kinderlose ebenso wie reiche Kinderlose. Wer also zur Gruppe der reichen Kinderlosen gehörte, kann sich angesichts seiner Gier und mithilfe der Medizin seinen Nachwuchs nach Wunsch züchten. Während die Gruppe der Mittel- und Kinderlosen jedem Anflug von „gleichem Recht für alle" wird entsagen müssen, da die pervertierte Gesellschaft sich nicht darauf einlassen wird, etwa Almosenempfänger heranzuzüchten. Ganz im Sinn von Kanzlerin Merkel (CDU) - „Förderung der Eliten und Leistungsträger".

Für was genau steht das C der CDU, für christlich oder kollateral?

Nun ist es also geschehen, das erste Retortenbaby mit ausgewählten Genen ist geboren. Es hat nun wenig Aussicht auf Erfolg, auf die Kollateralschäden hinzuweisen. Sowenig wie man Zahnpasta in die Tube zurückdrücken kann, sowenig kann die Entwicklung aufgehalten oder rückgängig gemacht werden. Die christlichen, ethischen und moralischen Werte sind geschleift worden. Erlaubt ist nunmehr das Wünschenswerte und Bezahlbare, nicht mehr nur das Richtige tun und das Falsche unterlassen.

Kein Einzelfall, denn seit Einführung der PID in den 1990 Jahren wurden bereits 10.000 Babys geboren, deren Erbanlagen vorher diagnostiziert wurden zum Nachweis einiger weniger Erbkrankheiten. Der Rubikon - „einen entscheidenden Schritt tun, den man nicht mehr rückgängig machen kann" - der jetzt überschritten wurde, ist, dass „Retterbabys" möglich geworden sind.

Der Katalogwunsch liegt allein bei den Eltern, die durch kein Tabu und kein Gesetz mehr gehindert sind. „Herr vergib ihnen, denn sie wissen nicht, was sie tun", ist man geneigt, es mit Jesus zu sagen. Wie nur sage ich es meinem Kind, dass es nur geboren wurde zum Abort, dass es Abfall ist oder bestenfalls zweite Wahl? Denn vergessen wir die Diskussion um Organspende nicht.

Es ist verhalten romantisch, dass es möglich geworden ist, kinderlosen Mitmenschen den Kindeswunsch zu erfüllen. Was aber folgt dem nach? Züchten wir uns eines Tages die Wunschmenschen heran, jene der Arbeiter und Bauern, andere, damit sie den Reichtum ihrer Eltern erben können oder jene Eliten und Leistungsträger? Der Lebensborn wäre nahezu perfekt.

Das Ganze geschieht unter Fehlen jener Rahmengesetzgebung, die die eigentliche Aufgabe des Staates ist. Es gibt keine Grenzen, die gesetzt werden. Weil es jeder kann, wird es jeder tun, hier oder im Ausland. Wer könnte denn einer Frau verbieten, schwanger aus dem Urlaub zurückzukommen? Erinnert sei an Leihmutterschaften oder an den Kinderwunsch gleichgeschlechtlicher Paare; Diskurse, die zuweilen kontrovers geführt werden, siehe USA und Frankreich.

Wie lange wird es dauern, bis diese Doktoren Frankenstein – siehe den Naziverbrecher Dr. Mengele – in den Schlagzeilen erscheinen und die Debatte nach lebenswert und lebensunwert erneut entbrennt? Bei aller humanen Annahme, der Mensch an sich ist kein Heiliger.

Nicht in der Geschichte der Menschheit und auch nicht seit dem Rauswurf Adams und Evas aus dem Paradies. Hingewiesen sei auch auf den Dauerbrenner - die Geschlechterdebatte. Denn PID braucht vom Manne nur das Beste, nicht Notabene ihn selbst dabei, so haben wir das Thema Samenspende ebenfalls erfasst.

Organspende, Therapiebegrenzung, Stammzellenforschung, Klonen, gleichgeschlechtliche Lebensgemeinschaften, Samenspende, Leihmutterschaft, freidrehende Themen unter dem Rubrum - der Mensch sei frei. Wem aber verpflichtet?

Fehlgeburt

Jährlich werden allein in Deutschland 80.000 befruchtete Eizellen in die Gebärmutter von Frauen mit unerfülltem Kinderwunsch eingesetzt. Nun wurden Fälle bekannt, wonach weder Ei noch Spermium den vermeintlichen Eltern entstammten, es aber zur Geburt eines Kindes kam.

Der Begriff Fehlgeburt ist um eine Definition reicher.

Es braucht zum Kinde nicht länger die verklärte romantische Liebe zwischen Mann und Frau. Die Reproduktionsmedizin macht es möglich.

Der Mann wird beliebig austauschbar, die Frau zum Brutkasten. Die Betonung liegt auf Reproduktion. Es werden Kinder produziert mit den Produktionsmitteln Spermium eines beliebigen Mannes und dem Ei einer beliebigen Frau in den Gebärmüttern beliebiger Frauen.

Es fehlt uns noch die Volkswirtschaft. Wie viele Schwangerschaften kann eine Frau leisten, sagen wir in den Jahren zwischen 18 bis 40? Sagen wir 15 im Durchschnitt. Unter Einsatz von Effizienz ließen sich die Jahrgänge ausweiten auf z.B. 16 -45 Jahre, je nach volkswirtschaftlichem Bedarf nebst Wunscheigenschaften mit der PID (Präimplantationsdiagnostik).

Nicht ganz so grenzdebil wie einst, als es hieß: „Kinder für den Führer“

Noch begehrt die weibliche Psyche auf, so nicht, also nicht so. „Mein Bauch gehört mir“, war einst ein Slogan der Frauenbewegung. „Meinst Du wirklich?“, würde man heutigen Tages entgegnen!

PID wurde mit Einführung in den 1990er Jahren mit dem unerfüllten Kinderwunsch von Frauen und zuweilen Paaren begründet. Gleichauf mit dem honorigen Wunsch, gar schwere

Erbkrankheiten auszuschließen, den Wunschgenen eben. Was soll also diese Befindlichkeit, gar nur die eigenen Gene zu reproduzieren? Siehe auch Rettungsbabys zum Zweck der Organspende. Hierfür braucht die Reproduktion geeignete Behälter, was bislang noch die Gebärmutter einer Frau ist.

So wird aus einer Frau ein wahrlich produktives Mitglied dieser Gesellschaft. Nur anders, als es sich die Frauenbewegung vormals gedacht hatte. Kanzlerin Merkels (CDU) Einlassung, „wir müssen an die Zukunft künftiger Generationen denken", erlangt eine wahrlich historisch dimensionierte Bedeutung.

Juristische Probleme werden gleich mit implementiert.

Denn nach geltendem Recht bleibt eine Mutter lebenslang eine Mutter, gleich, ob das Kind eine „Fehlgeburt" ist, also sie nicht die biologische Mutter ist und der Samenspender bleibt der unterhaltspflichtige Vater. Gleichberechtigung - „vor dem Recht sind alle gleich".

Noch ist die rechtliche Frage ungeklärt, was ist, wenn die biologische Mutter, also jener Spenderin des Eies das Recht an ihrem Kind einfordern würde? Oder das Kind eines Tages nach seiner wahren Herkunft fragt? Es hätte nachgerade eine leibliche Mutter kraft Schwangerschaft und eine biologische Mutter kraft Ei. Hinzu gesellt sich der biologische Vater kraft Samenspende.

Zeitlebens haben sich Mütter und Vater nie gesehen, nie geliebt, nicht platonisch und nicht tatsächlich. Da kommt nun das pubertierende Kind daher und fragt nach so altertümlichen Dingen wie Liebe, Romantik oder Beziehung. Von all diesem gibt es dann nichts.

„Lieb Kind, du musst jetzt tapfer sein, Mutti und Vati wissen es auch nicht. Wobei, Mutti weiß nicht einmal, wer dein Vater ist."

„Mutti, das ist doch ein wahrer Schmarrn, schau hier in mein Biologiebuch, da steht geschrieben, wie es natürlich zugeht zwischen Frau und Mann."

„Kind, das weiß ich jetzt so auch nicht, frag das am besten deine Lehrer in der Schule, die versuchen schließlich, dir diesen Unsinn als Bildung zu verkaufen."

Wen fragte nun das Kind? Den Physiklehrer, der ihm erklärt, wie das ist mit Kraft*Weg?

„Pass auf, hier lernst du etwas. Wir nehmen ein Reagenzglas und darin die Ingredienzien des Mannes, Sperma genannt, dein Vater.

Dann führen wir eine Spritze ein und saugen damit die Flüssigkeit auf (Kraft*Weg), die Kanüle ist kleiner als der Behälter der Spritze. Durch den Hub des Kolbens in der Spritze wird Unterdruck erzeugt und das Spermium, ähm dein Vater, aufgesaugt. In der Petrischale dort drüben habe ich bereits deine Mutter, ähm das Ei vorbereitet, in das per Injektion nunmehr dein Vater, also das Spermium eingeführt wird.

Konzentriere dich, wir haben nicht Ewigkeiten Zeit, die Unterrichtsstunde ist gleich vorbei. Reiche mir die andere Petrischale, lege die unter das Mikroskop. Siehst du den Zellklumpen darin? Das bist du."

Nach einem endlichen Jahr Schule und Unterricht mit Biologie, Chemie, Physik, Religionsunterricht oder Sozialkunde und Ethik ist das Kind so klug als noch zuvor. Richtig erkannt, Liebe und Romantik sind kein Unterrichtsfach. Bildung ist hoheitliche Aufgabe des Staates.

Da legst dich nieder, würden die Bayern jetzt sagen als Ausdruck der Sprachlosigkeit.

Gibt's doch gar nicht, oder? Das ist keine Science-Fiction, sondern die Realität. Wir verifizieren unsere Quelle: http://www.spiegel.de/gesundheit/schwangerschaft/eizellenwerden-vor-der-kuenstlichen-befruchtung-vertauscht-a-911050.html So steht es geschrieben.

Das ist die schöne neue Welt der Eliten und Leistungsträger, der Fortschritt, der alles möglich macht. Das Problem damit ist, dass wo es Licht gibt, auch Schatten hat.

Nur einen Schritt weiter, denken wir an unsere kapitalistische Gesellschaft, wird das so Beschriebene marktfähig, kommerzialisiert. Noch bevor Recht geschaffen worden ist - das Recht der Kinder, jenen Schutzbefohlenen des Staates, wie es im Grundgesetz der Deutschen verankert ist.

Ein Trost für die Frauen, der Kinderwunsch wird erfüllt, es braucht keinen Mann mehr für den vorausgehenden Akt und die Befindlichkeiten einer Beziehung. Gut, die Erotik geht dabei zugrunde, irgendwas ist schließlich immer, oder?!

Doch nach endlicher Reduktion auf das Produktive ist es nur noch kleiner Schritt, bis ein gewöhnlicher Brutkasten ausreicht, Babys wie Küken aus Eiern zu produzieren, dann braucht es auch die Frau an sich nicht mehr. Liebe würde zum Verbot erklärt.

Die Bibel ginge endlich ein als Anhang zu Grimms Märchen mit: „Es war einmal …“

80.000 Ei-Verpflanzungen jährlich sind keine Einzelfälle mehr. Es handelt sich nach heutigen Zahlen um veritable 10% eines durchschnittlichen Geburtenjahrgangs.

Ist das der Akt der Schöpfung, von der die Bibel spricht, an der Stelle, wo Gott den Menschen geschaffen hat? Oder ist es jene Schöpfung, von der die Naturwissenschaft behauptet, dass es die Evolution sei? Oder „creativ Design“, von denen die Kreationisten sprechen? Ein Vertreter dieser Glaubensrichtung war der ehemalige Ministerpräsident Thüringens Althaus (CDU).

Noch einmal nachgefragt - hatte ER doch recht?

Was waren das noch für Zeiten (für die Hippies unter uns), als Juliane Werding davon sang: „Kinder der Liebe sind wir alle auf der Welt.“ Oder ist es Askese? „Wo man singt, da lass dich ruhig nieder, böse Menschen kennen keine Lieder“ - nach Johann Gottfried Seume, für die Alten unter uns.

Samenspende

Samen spendet Leben, soweit er denn auf eine Eizelle trifft. Umgekehrt braucht es einen Spender. Das ist das Ende der romantischen Verklärung von „Liebe ist …“.

Liebe ist nicht mehr notwendig, um ein Kind zu zeugen im Angesicht von PID und Klonen. Es braucht den Mann nicht mehr, nur noch seinen Samen, weniger seine Leistungsfähigkeit.

Wie nun gelangt in den modernen Zeiten das Spermium zum Ei? Ganz profan durch „Hand an sich legen“, Männer dürfen sich einen herunterholen, zum edlen Zweck der Spende sich „einen von der Palme wedeln“. Für den Fall der Paarromantik könnte eine Frau den Vorgang übernehmen.

Weniger romantisch, dafür aber industriell produktiver wären die Methoden aus der Viehzucht, Samenentnahme genannt. Bulle, Eber und Hengst werden wahrlich vorgeführt und entlassen ihren Saft in ein Behältnis zwecks späterer Verwendung zur künstlichen Befruchtung.

Der Samen selbst wird bei Samenspende wie bei der Viehzucht im Labor auf seine Qualität hin untersucht. Noch aber wird der Samen von Hengst & Co. höher bezahlt, als jener der menschlichen Samenspender.

Wie auch nicht, so ein Bulle, Eber oder Hengst wird zu Leistungszwecken gezüchtet und entsamt. Der Mann als solches noch nicht.

Wäre da nicht die Geschlechterdebatte.

Wozu braucht es noch Beziehungen oder gar den Mann darin, wenn es ohne auch gehen könnte. Frauen gingen bestenfalls der romantischen Verklärung verlustig, dass es gar Liebe brauchte oder schnöden Sex.

Vorbei die Zeiten des Beischlafs, auch Liebesakt genannt, Trennungsschmerz ade. Zum Kinde geht's über die Samenbank incl. der Wunscheigenschaften, von Augenfarbe über Intelligenz bis hin zu ewiger Gesundheit. Nebst Rückversicherung (man/frau weiß ja nie) der jederzeitigen Heilung, falls Organe ersetzt werden müssen. Der Trend ginge eindeutig zum Zweitkind, geparkt als Organspender.

Natürlich brauchte es auch dann noch männliche Neugeburten, damit der Quell des Samens nicht versiegt. Gezüchtet für nur diesen einen Zweck, denken muss er nicht.

Das ist nicht sonderlich neu, sondern Stand der Erkenntnis.

Einem Mann begegnet eine gute Fee, die ihm sagt: „Ich gebe dir einen Verstand und einen Zauberstab. Aber denke daran, beide zusammen funktionieren nicht."

Der Gipfel der Emanzipation ist, Frauen brauchen den Mann nicht mehr, um sich den Kinderwunsch zu erfüllen.

Den Samen gibt es von der Bank nebst Wunscheigenschaften für das Kind und Zertifikat über den künftigen Gesundheitszustand. Die eigenen Macken lassen sich wegzüchten, mit jeder Generation perfekter.

Vom Samenspender zum Organspender dank PID genetisch ausgewählt.

Kinderlosigkeit, Geburtenrate und Demografie sind schlicht der Schnee von gestern. Auf Wunsch kann das Alter gar begrenzt werden, sozialverträgliches Ableben.

Das ist keine Science-Fiction, sondern Realität.

Wenn auch eher noch unter rudimentären Auswahlkriterien - die ersten Retortenkinder sind geboren. Die Medizin forscht bereits daran, den Katalog zu verfeinern.

Man sieht nur das Licht, nicht die Schatten, die es zugehörig hat.

Klonen ist möglich, PID ist möglich, Samenspenden sind möglich, ach was, alles wird praktiziert. Die Pornoindustrie geht schweren Zeiten entgegen, wer braucht denn so etwas. Shopping all the time, auf dem Weg durch die Fußgängerzone eben noch einen Abstecher zur Samenbank und ab ins Reisebüro: „Wo bitte geht es zur In-vitro-Fertilisation - der Befruchtung aus dem Reagenzglas?“

Krankheiten, Organversagen, war da was?

Wir züchten Organe aus Stammzellen, halten „Retterbabys“ auf Vorrat und sollten alle Stricke reißen, entsamen wir bei Bedarf mit den gewünschten Eigenschaften. Nebeneffekte wie Hässlichkeit rotten wir gleich ganz aus, wenn, dann hat eine Frau schön zu sein, proportional korrekt. Nur einmal kurz nachgefragt: „Für wen“ eigentlich? Den Mann haben wir gerade wegrationalisiert.

Und bitte, unser Planet ist endlich. Hier ist nicht für alle Platz, verlassen können wir diese Murmel auch nicht, jedenfalls wüssten wir nicht, wohin. Es leben z.Zt. 7 Milliarden Menschen auf dieser Welt. Eine Begrenzung muss schon sein.

Die Methode Enthaltsamkeit und Verhütung hat nicht wirklich geholfen. Wenn wir Männer nur zur Zucht halten, haben wir 50% des Problems bereits bewältigt. In gut 100 -200 Jahren wird die Menschheit halbiert sein, „Safe the Planet“, die Zeit ist knapp.

Männer nehmen das sportlich, wer leistungsfähig ist, kann mehrfach am Tag spenden.

Jenseitsbeschreibungen

Wenn es nun einmal zu Ende geht, das Leben, was ist dann?

Einfach so, der letzte Atemzug und vorbei. Es erscheint uns wenig glaubhaft. Nicht erst dieser Tage, sondern schon seit Jahrtausenden.

Den geringsten Aufwand an Fantasie betrieben die Autoren der Bibel. Da gibt es ein Paradies im Jenseits, wo je nach Altem oder Neuem Testament alle hingelangen, da Gottes Gnade unendlich ist. Im Neuen Testament wird es als das Himmelreich Gottes benannt, während im Alten Testament nur ganz allgemein vom Paradies die Rede ist, ohne nähere Beschreibung, was es damit auf sich hätte.

Der Islam ist da schon etwas verheißungsvoller, zumindest für die Männer. Im jenseitigen Paradies erwarten den Gläubigen gar 72 Jungfrauen. Womit auch geklärt wäre, was Frauen im islamischen Paradies erwartet.

Streng mathematisch betrachtet ginge ein solches Verhältnis nicht auf, nicht im Diesseits und nicht im Jenseits, nur beantworten Glaubensrichtungen keine mathematischen Annahmen.

Es sei denn, man wendet sich asiatischen Glaubensbekenntnissen zu wie z.B. der Reinkarnation der Hindus.

Die Reinkarnation, nicht nur der Hindus, sondern auch anderer Naturvölker, verspricht nicht pauschal eine Wiedergeburt als Mensch. Eine Wiedergeburt ist als alles möglich, von Pflanze über Käfer und Tier bis zum Menschen. In welcher Ausprägung letztlich auch immer.

In der Literatur wendet der Mensch schon mehr Fantasie auf, von Unsterblichen, Vampiren bis gleich zum apokalyptischen Versterben der gesamten Menschheit.

Die Unsterblichkeit hat einen gewaltigen Nachteil, die Erde wäre dann tatsächlich überbevölkert. Dieses Konzept würde mathematisch betrachtet ebenfalls nicht aufgehen.

Apokalyptisches Versterben hat eine Wahrscheinlichkeit, gleich ob aus einer Laune der Natur heraus oder ob uns ein Meteor aus dem All das Lebenslicht ausblasen würde. Es beantwortet aber die Frage nach dem Jenseits nicht.

Denn käme es zu einer solchen Katastrophe und es gäbe ein Jenseits, herrschte dort ein ziemliches Gedränge, zumindest am Eingang.

In 10.000 Jahren Geschichte der Menschheit hat der Mensch nie aufgehört, sich Gedanken über die Ereignisse nach dem Tod zu machen, aber auch nicht aufgehört, Angst vor dem Tod zu haben.

Nicht durchgängig, die Wikinger gingen nach Walhall – in die Halle der Helden - zu einem allgemeinen Saufgelage von Ewigkeitsdauer.

Die Indianer Nordamerikas wähnten ihre Krieger bei Manitu, wenn auch ohne nähere Beschreibung, was die bei Manitu so anfangen sollten. Die alten Griechen gelangten nach Elysion, dem Garten Eden der Christen nicht unähnlich.

Angst vor dem Tod hatten zu allen Zeiten die Frauen, wiewohl sozial begründet. Wenn die Männer in den Schlachten und Kriegen ihrem jeweiligen Jenseits entgegenstrebten, blieben die Frauen mehrheitlich als mittelose Witwen zurück.

Jedoch strebten Frauen seit jeher nicht ausgerechnet ins Jenseits, schon gar nicht vorzeitig.

Unser Organ Gehirn ist nahezu grenzenlos in den Vorstellungen vom Jenseits.

In der Science-Fiction-Reihe Perry Rhodan gibt es eine Schilderung vom apokalyptischen Versterben der Menschheit. Im Ergebnis standen für eine Reinkarnation nicht ausreichend Körper zur Verfügung, sie reichten nicht für alle.

Das wäre natürlich ein nicht geringes Problem, wenn man nicht einfach eine Auswahl treffen könnte oder wollte, wer wiedergeboren und wer verstorben bleiben sollte. Die Seele als solches hat kein Unterscheidungskriterium irdischer Art.

Die Autoren dieser Reihe lösten das Problem mit einem Verhältnis 1:4, in jedem Körper erwachten vier Seelen unterschiedlicher Persönlichkeitsbilder und Begabungen. Etwa zwei Männer und zwei Frauen mussten sich nunmehr einen Körper teilen und sich bei der Nutzung abwechseln.

Eine mit Sicherheit nicht unkomplizierte jenseitige Vorstellung. Allerdings auch nicht unkomplizierter als die verbreiteten religiösen Konzepte eines Jenseits.

Allen Entwürfen gleich ist, dass ein Ort beschrieben wird, der nach dem Tod erlangt würde, in der Annahme, dass das Leben mit dem Tod nicht endet, gleich wie.

Das kann natürlich sein, es machte mit dem Tode einfach Pling und im nächsten Augenblick wären wir wiedergeboren als was letztlich auch immer. Diese Vorstellung ist mathematisch nicht nachvollziehbar, auch dann wäre dieser Planet wahrlich überbevölkert bei immerhin 10.000 Jahren Geschichte der Menschheit.

Sollte es mithin einen Ort der Verheißung geben, eben das Jenseits, muss es sich tatsächlich um einen wahrlich paradiesischen Ort handeln, denn bislang ist von dort noch niemand zurückgekehrt. Das Verlangen nach einer Rückkehr ins irdische Leben scheint dort nicht aufzukommen.

Das aber wirft die Frage auf, woher die Religionsstifter und Glaubensautoren überhaupt Kenntnis von einem Paradies haben konnten, wenn auch mit eher wenig genauer Beschreibung, was es damit jeweils auf sich hat. Irgendein Rückkanal aus dem Jenseits besteht nun mal nicht, mithin auch kein Berichterstatter von dort.

Weil es solcher Art Berichte nicht braucht. Der Begriff dazu heißt Hoffnung. Nur davon berichten die Religionen, Mythologien und Legenden, von der Hoffnung, dass da mehr ist über den irdischen Tod hinaus.

Es braucht deshalb keinen Rückkanal aus dem Jenseits, so eine Art „Anruf bei Gott". Es reicht die menschliche Eigenschaft, dass es Hoffnung gibt auf den Tag danach, über die Zeit hinaus.

Eine unwiderlegbare Jenseitserwartung gäbe es womöglich doch noch, den Aufstieg. Wohin auch immer und mit welcher methodischen Vorstellung auch immer.

Es ist nicht von der Hand zu weisen, Leben, egal welcher Art, besteht aus Molekülen. Auch der Körper zerfällt nach dem Tod in nichts anderes als eben wieder in Moleküle. Diese wiederum haben wahrlich Ewigkeitsanspruch, denn nach dem Energieerhaltungsgesetz geht keine Energie verloren.

Da die Seele ebenso unsterblich ist, wäre ein Aufstieg, in welchem Zustand letztlich auch immer, das noch am schlüssigsten erklärbare Jenseits.

Wozu auch immer ein Jenseits gut sein soll, da es als Ewigkeit beschrieben wird, wäre dort auch ewig Zeit, es zu ergründen.

Unsterblichkeit

Nun ist sie da, die technische Erkenntnis, wie es also geht, Stammzellen zu reprogrammieren, ewige Jugend, gar Unsterblichkeit wird möglich. Ein Scheck an den Doktor und schwupps ist es aus mit dem Altern und dem Versterben. Falls es sozial gestaltet würde als Leistung der Krankenkassen. Die medizinische Forschung hat es nunmehr zumindest wahrscheinlich gemacht.

Doch sollten wir das wollen? „Hunde wollt ihr ewig leben?" (Göbbels), seine Frage kann nun bejaht werden, zumindest medizinisch. Es muss doch gar zu herrlich sein - das Leben. Egal, was auch immer geschieht oder uns begegnet ist.

Nein, das sollten wir nicht, ewig leben, gar unsterblich sein. Sei es, dass man zuweilen genug hat vom Leben, es ist irgendwann genug. Oder sei es, dass die Verteilungsprobleme auf diesem Planeten zunehmen, statt geringer zu werden trotz allen Reichtums. Die Ressourcen sind endlich, was uns zu der Frage verleitet, wer sollte denn zu den Unsterblichen gehören, die Reichen oder die Besten, die Leistungsträger und Eliten, die Künstler und Kreativen, die Guten oder die Diktatoren? Wer gehörte zu den Ersten und wer käme schlicht zu spät, weil zu arm und in der Schlange der Hoffenden wartend?

Ja, Zellen nach Bedarf zu programmieren, um Leiden zu heilen, die heute noch unheilbar sind, wie Multiple Sklerose, Nierenleiden oder eine Säuferleber, dieses und mehr ist ethisch gerechtfertigt und wohlbegründet. Das muss möglich werden, alles dafür und nichts dagegen, nur Unsterblichkeit muss nicht sein.

Was ist, wenn ich sterben will, gleich aus welchem Grund? Heute, wo Sterbehilfe verboten ist, gar ein Tabu, Suizid seit Jahren keine gesellschaftliche Konvention ist oder einfach, weil sich die Biografie erfüllt hat im Guten wie im Schlechten.

Einfach auf die Entscheidung delegieren, sich nicht reprogrammieren zu lassen? Dann wird Alter zum Makel des menschlichen Seins, gar befreit von der Möglichkeit der Weisheit, selbst Trauer würde zur Unmenschlichkeit verklärt. Wieder ein Nein zur Unsterblichkeit.

Eitelkeit würde zur Tugend, das Versterben zum Egoismus, die moralischen Werte würden sich umkehren. Nein, die Medizin würde es nicht bei Organen belassen, früher oder später beugte sich die Medizin dem Machbaren. Aus der Hoffnung „alles ist endlich, auch lebenslänglich" würde Hoffnungslosigkeit. Der jahrtausendalte Glaube an Jenseits und Erlösung wäre dahin, Gläubige würden zu manischen Irren. Weit schlimmer noch, Gott würde negiert durch den medizinischen Beweis.

Und es ginge noch schlimmer, denn alles im Universum strebt einem Ende entgegen, gleich, ob es die Sonne ist in vielleicht 5 Milliarden Jahren oder die Erde oder jeder andere Planet.

Wohin dann mit uns Unsterblichen, abgesehen von der Frage womit? Das nun mag Science-Fiction sein, was aber ist mit dem Gehirn?

Was wollen wir mit reprogrammierten Gehirnen, wissend, dass wir heutigen Menschen zwei Drittel des Gehirns gar nicht nutzen, nicht einmal wissen, wozu diese zwei Drittel überhaupt notwendig sind? Wenn die Evolution uns diese Masse an Gehirn zur Verfügung gestellt hat, wofür? Oder einfacher ausgedrückt, ein reprogrammiertes Gehirn würde einer Dummheitsschleife gleichkommen, es sei denn, wir wären medizinisch in der Lage, Wissen und Erfahrung - einem Backup gleich - kopieren zu können. Wir wären der Normierung sehr viel näher. „Stecker rein" und schon hätten wir lauter Einsteins, Goethes oder Beethovens, nur keine Individuen mehr. Die Erfahrung des Lernens ginge verloren, die

Erkenntnisfähigkeit gleich mit, die Kopien würden immer nur rekapitulieren, nichts mehr hinterfragen. Hörte Einstein die Musik Beethovens, las er Goethe? Und wenn das nicht, was hörte, und was las er dann? Vergessen wir dabei nicht die hoheitliche Macht, die seit je bestimmt, was gedacht werden sollte - wie Hartz IV Empfänger sind faul, rauchend, saufend, bildungsfern – wer bestimmte den Inhalt der Reprogrammierung, was gedacht werden soll?

Am Ende dieser Unsterblichkeit und allwissenden Klugheit will ich denn doch versterben, weil ich ja nun weiß, dass es eine Schnapsidee gewesen ist, nur darf ich dann nicht versterben, weil Leben zum Muss geworden ist.

Aber ja, es ist ein Beweis für die Unendlichkeit von Wissen und Erkenntnis, diesen Schalter gefunden zu haben, der so viel Gutes bewirken kann im Sinn von medizinischer Heilung großer Leiden. Der Nobelpreis dafür ist gerechtfertigt. Nur vergessen wir nicht, wer der Stifter des Preises war, Alfred Nobel, der Erfinder des Dynamits - der Dynamik der Kriege. Seine Reue darum ließ ihn zum Stifter werden, da nicht alles gut ist, was der Mensch zuweilen entdeckt. Wir sind nicht in der Lage, diesen Unsterblichkeitsschalter in Schranken zu halten, gar zu verhindern, wer da zuweilen unsterblich wird. Kein Gesetz könnte Weiterungen verhindern. Wenn niemand sich an ein Gesetz hält, hat selbst der Kaiser sein Recht verloren, Selektion wäre unausweichlich.

Fraglich, ob wir damit Gott näher kommen oder das Tor zur Hölle geöffnet haben, Medizin hin oder her. Heilung darf keinem Menschen verwehrt werden. Unsterblichkeit, wenn sie einmal möglich ist, dann auch nicht. Welchen Rang hätten die Neugeborenen gegenüber den unsterblichen Eltern, falls es denn überhaupt noch der Geburt bedarf? Wollen wir dann Gott sein und das neugeborene Leben verbieten und reklamierten, dass das Sterben dann unmöglich wäre, fast verboten?

Schreckliche Nachricht

http://www.zeit.de/wissen/gesundheit/2012-10/medizinnobelpreis-stammzellen-yamanaka-gurdon mit höllischem Charakter. Es braucht schon sehr viel Glaube an die Menschlichkeit, mehr zu finden, was dafür spricht als dagegen.

Kassandra gleich möchte man rufen, alles, nur bitte das nicht. Sie sah wohl den Untergang Trojas voraus, war jedoch allein mit dieser Sicht der Dinge. Vielleicht würde Kassandra heute rufen: „Bedenkt, was ihr da tut, denn ihr werdet irgendwann vor der Frage stehen, Gott, warum nur hast du es zugelassen?" Und Gott wird nicht antworten, weil es ihn eventuell nicht gibt.

Kinder statt Inder

So titelte im Wahlkampf einst Jürgen Rüttgers (CDU). Heute, unter Kanzlerin Merkel (CDU), wird eine marktkonforme Demokratie als Ziel benannt.

Dabei sind Kinder nicht marktkonform, sondern Armutsrisiko Nummer eins. Kinder kosten Geld und das nicht zu knapp - das der Eltern, die Wirtschaft verdient daran, auch nicht zu knapp. Zumal an Kleinkindern. Gleich, was Eltern ihren lieben Kleinen einflößen, kommt unten wieder heraus, es geht sprichwörtlich in die Hosen, Windeln. Die Windelindustrie macht wahrlich aus Scheiße Geld.

Tatsächlich für Kinder gilt: „Sie säen nichts, sie ernten nichts und der Herr ernährt sie doch." Sie sind nicht marktkonform, sondern Kostgänger. Der Markt nimmt nur, die Firmen tun nichts für Kinder. Private Kindergärten verlangen Gebühren, zuweilen in Höhe eines Niedriglohnes. Die Wirtschaft unterhält keine Betriebskindergärten wie teilweise noch in den 1960er und 1970er Jahren. Arbeit und Kind vertragen sich nicht, schon gar nicht für alleinerziehende Mütter, Väter auch. So werden Alleinerziehende ebenso Kostgänger des Staates. Prekariat, eine Wortkreation ausgerechnet der Sozialdemokraten.

So haben wir die Wahl alle Jahre wieder zwischen Sozial- und Marktdemokraten, wobei der Unterschied weniger als marginal ist, es besteht kein Unterschied. Gleich einer Wahl zwischen Pest und Cholera.

Eine Randnotiz aus der Geschichte: Meine Oma brachte es zu Hitlers Zeiten auf 15 Kinder. Wie hat sie das eigentlich geschafft? Wie Opa befanden sich die Männer an der Front, während Oma so fleißig bemüht war, den GröFaZ (Größter Feldherr aller Zeiten) mit kleinen „Siegfrieds" zu versorgen.

Seither geht die Geburtenrate zurück, statistisch werden heute 1,396 Kinder pro Frau geboren. Nicht pro Jahr, sondern im Leben einer Frau. Schließlich sollen und wollen Frauen Beruf und Karriere machen - ganz marktkonform und kanzleringerecht.

Für Kanzlerin Merkel (CDU) ist das nur konsequent, denn „wir müssen an die künftigen Generationen denken". Nur welche Generationen, wenn keine Kinder geboren werden? Wenn „Kinder Zukunft sind", bleibt nur der Schluss übrig, dass es ohne Kinder keine Zukunft gibt. Oder besser so: „Kinder sind reine Science-Fiction".

„Wo die Not am größten ist, wächst immer auch das Rettende", sagt ein asiatisches Sprichwort. Hier in Deutschland dräut die FDP, „der Markt regelt alles". Bereits heute werden nicht geringe Umsätze mit künstlicher Befruchtung und Samenspenden gemacht. In Zukunft wird das Klonen möglich sein.

Der Begriff vom Wunschkind gewinnt eine völlig neue Bedeutung. Natürlich „privat vor Staat", wer es sich leisten kann. Eine Garantieformel dafür, dass Armut sich sicher das eine wie das andere wird nicht leisten können, dank Merkels „Leistung muss sich lohnen". Das ist die gedachte marktkonforme Demokratie.

Juliane Werdings Lied „Kinder der Liebe sind wir alle auf der Welt" hat gute Chancen, ein neues Kapitel in Grimms Märchen zu eröffnen, „es war einmal ...". Bewahren wir uns die Erinnerung daran, wie es heute noch verbreitet ist, Kinder auf herkömmliche Art in die Welt zu setzen. Kinder zeugen darf man ja bereits nicht mehr sagen, weil es Sexismusverdacht wecken könnte. Denn Männer können nur zeugen. Gebären können (auf althergebrachte Weise) nur Frauen. Wer weiß wie lange noch. In Zeiten des Klonens werden bereits Embryonen in der Petrischale gezüchtet, der Begriff des Zeugens verbietet sich. In diesem Prozess geht uns dann doch ein Stück Menschlichkeit verloren, denn geklont wird nur das jeweils Wünschenswerte. Was nicht wünschenswert erscheint, ist „lebensunwert". Wann genau hatten wir das zuletzt? Nein, nicht schon wieder das Thema. Hier soll nur an Dantes Inferno erinnert werden: „Wer hier eintritt, lasse alle Hoffnung fahren."

Kinder kosten Geld, nicht zu knapp. Was also ist naheliegender, als dass man diesen Geburtsprozess marktkonform den Effizienzkriterien unterwirft? Das wäre jedoch nicht zu Ende gedacht, denn Kinder arbeiten nicht. Zumindest sollen sie das nicht, auch wenn Franz Müntefering (SPD) einst postulierte: „Wer nicht arbeitet, der soll auch nichts essen."

Diese Zeit des arbeitslosen Verharrens währt nicht weniger als 18 Jahre, unter bildungsidealistischen Bedingungen auch schon mal 25 Jahre. Es war einst Altbundeskanzler Schröder (SPD), der im Zuge seiner Agenda 2010 die Bildungsinvestitionen des Bundes auf das Niveau von 1960 reduzierte, gar Studiengebühren einführte, eine Art „die Milch sauer machen", die lieben Kleinen von der Bildung zu entwöhnen. Kanzlerin Merkel (CDU) eiferte ihm nach, „sozial ist, was Arbeit schafft", nicht Bildung. Deutschland, deine Politiker, oder um mit Heinrich Heine zu reden, „denk ich an Deutschland in der Nacht …".

Man möchte fast meinen, dass das Ergebnis der PISA-Studie „mangelndes Textverständnis" geradezu Ausdruck des Protestes der Kinder ist gegen dieses Kauderwelsch der Politiker. Als Kind möchte man am liebsten seine Eltern befragen: „Was genau habt ihr euch eigentlich dabei gedacht?" Nichts, ihr Lieben. Zumindest nicht beim herkömmlichen Akt, auch Liebe genannt. Wir gehören noch zu den unschuldig Geborenen. Beim Prozedere der künstlichen Befruchtung oder des Klonens müssen sich die Beteiligten durchaus etwas Gedanken machen, welcher Art auch immer. Allein es steht zu befürchten, dass dann doch ein Stück Bildungsinhalt verloren gegangen ist, denn laufend wird uns erklärt, wie man Kinder verhindert. Wie man welche macht, wird (zumindest öffentlich) nicht erklärt.

Es gewinnt die Neugier etwas Raum, wenn wir uns vorstellen, dass Ei und Spermium der Sprache mächtig wären und einen Dialog führen würden. Als das Spermium auf die Eizelle trifft und diese fragt:

„Was willst du von mir?“

„Ich will dich befruchten, damit ein Kind geboren wird.“

„Wofür?“

„Damit es lebt und schließlich arbeitet, bis ihm der Rücken bricht“.

Das Ei würde wohl antworten: „Verpiss dich!“

Vielleicht ist das der Grund der geringen Geburtenrate? Nein, diese Gefahr besteht nicht, denn seit Jahrtausenden schon werden Kinder strunzdumm geboren. Sie können nichts, sich nicht selbst ernähren, nicht einmal sprechen, nicht einmal laufen. Alles muss ihnen mit viel Geduld beigebracht werden, allein - sie lernen schnell. Darauf beruht die Hoffnung, dass Zukunft immer stattfindet. Und die gehört den Kindern, es ihr ureigenes Vorrecht.

Das ist marktkonform, denn die Wirtschaft lebt davon, „die ständig steigenden Bedürfnisse der Menschen zu befriedigen“, frei nach Karl Marx („Das Kapital“). Dafür brauchen wir keine marktkonforme Demokratie, sondern eine soziale Demokratie. Dann, so will man der Wirtschaft ins Gedächtnis rufen, lässt sich auch mit Scheiße Geld verdienen. Angefangen von Windeln bis Klopapier, es ist alles für den Arsch.

Zum versöhnlichen Schluss dieses noch: In gut geführten Hotels befinden sich zwei Waschlappen im Badezimmer.

Gekennzeichnet mit G und A. Warum? G = Gesicht, A = alles klar, oder?! Nein, A = Antlitz und G = Gesäß.

Jetzt auf amazon.de bestellen!

Mehr Details: www.soisses.com

Made in United States
North Haven, CT
04 November 2026

21768312R00032